INVENTAIRE
9891

INVENTAIRE
V 29.891
algèbre élémentaire

Algèbre élémentaire.

Introduction.

1. L'Algèbre est un idiome inventé pour obvier, dans l'art de raisonner, aux inconvénients inévitables que présente le langage vulgaire dont le mécanisme imparfait est loin d'offrir les ressources suffisantes pour traiter avec succès divers genres de questions relatives aux grandeurs.

2. Susceptible d'une multitude de transformations faciles, cet idiome s'accommode continuellement aux besoins toujours changeants de l'intelligence, il l'éclaire dans sa marche, tient en évidence le fil de l'analogie, montre à chaque instant le progrès du raisonnement, et finit par acquérir, en se simplifiant, un degré de clarté qui permet à l'esprit d'apercevoir, malgré la complication du sujet, les rapports les plus difficiles à saisir.

3. Soit que l'on se propose de constater la permanence et la généralité de certaines propriétés observées sur des cas particuliers, ou que l'on ait a

pour but de découvrir l'ordre et la nature des opérations à effectuer sur des nombres donnés pour en obtenir d'inconnus qui satisfassent à des conditions déterminées; toujours avec le secours de cette infaillible méthode on parvient à l'aide d'un enchaînement d'identités à tirer de l'hypothèse une conclusion dont l'incontestable vérité ne peut jamais se révoquer en doute.

4   Les symboles que l'on emploie en algèbre sont: 1º. les caractères alphabétiques aux moyens desquels on représente les nombres; 2º. des signes destinés à indiquer les opérations à effectuer.

5   Les lettres n'ayant par elles mêmes aucune valeur qui leur soit propre, ont l'avantage de donner aux raisonnements toute la généralité dont ils sont susceptibles.

6   Par l'emploi des signes le langage algébrique acquiert une brièveté et une précision qui concourent puissamment à lui donner la simplicité et la rigueur qui le

caractérisent.

7   On s'accorde généralement à représenter les nombres donnés par les premières lettres de l'alphabet, a, b, c, &c, et les nombres inconnus par les dernières x, y, z, &c....

8   Pour indiquer l'addition on emploie le signe $+$; ainsi pour indiquer que la quantité b doit être ajoutée à la quantité a, on écrit $a + b$; expression que l'on énonce a plus b.

9   Pour indiquer la soustraction on emploie le signe $-$; Ainsi pour indiquer que la quantité b doit être retranchée de la quantité a, on écrit $a - b$; expression que l'on énonce : a moins b.

10   Pour indiquer la multiplication, on emploie le signe $\times$ ou $\cdot$; Ainsi pour indiquer le produit des deux quantités, a et b, on écrit $a \times b$ ou $a \cdot b$; expression que l'on énonce : a multiplié par b.

11   Il est à remarquer que

quand les deux facteurs sont représentés par des lettres, le produit s'indique presque toujours de la manière suivante : ab, expression plus simple, que d'ailleurs on énonce comme elle s'écrit.

12. Pour indiquer la division on emploie le signe : ou —; ainsi pour indiquer le quotient de a par b, on écrit a : b, ou $\frac{a}{b}$; expression qu'on énonce : a divisé par b.

13 Il est à remarquer que dans le cas où l'on emploie le signe — pour indiquer la division l'expression $\frac{a}{b}$ s'énonce presque toujours a sur b, au lieu de a divisé par b.

14 Pour indiquer que deux quantités sont égales on emploie le signe =; ainsi pour indiquer qu'une quantité a est égale à une quantité b, on écrit a = b, expression qu'on appelle égalité et qu'on énonce a égale b.

15 Pour indiquer que deux

quantités sont inégales on emploie le signe > ou < suivant que la première est plus grande ou plus petite que la seconde. Ainsi les expressions $a > b$, et $a < b$ sont des inégalités, l'une s'énonce a plus grand que b, et l'autre a plus petit que b.

16. Pour indiquer qu'une quantité doit être ajoutée une ou plusieurs fois à elle même, on la fait précéder d'un nombre appelé coefficient et qui renferme autant d'unités que la quantité doit entrer de fois dans la somme. Ainsi au lieu d'écrire $a + a$, ou $b + b + b$, on écrit plus simplement $2a$ ou $3b$.

17 Lorsque le coefficient doit être égal à l'unité, l'usage est de le sous entendre.

18 Pour indiquer qu'une quantité doit être multipliée une ou plusieurs fois par elle même on la fait suivre d'un nombre appelé exposant qui renferme autant d'unités que la quantité doit être prise de fois comme facteur. Ainsi

Ainsi au lieu d'écrire $a \times a$ ou $b \times b \times b$, on écrit plus simplement: a^2 ou b^3.

19   Lorsque l'exposant doit être égal à l'unité l'usage est de le sous entendre.

20   En général un produit de plusieurs facteurs égaux s'appelle une puissance, et le degré de la puissance est toujours indiqué par le nombre des facteurs.

21   Par opposition le nombre ainsi pris plusieurs fois comme facteur s'appelle une racine, et le degré de la racine est toujours indiqué par le nombre de fois qu'elle doit être prise comme facteur.

22   Le plus souvent la puissance d'un nombre s'indique par un exposant, et sa racine par le signe $\sqrt{}$ appelé radical entre les branches duquel on place l'indice de la racine.

23   Ainsi pour indiquer la puissance $N^{ième}$ d'une quantité a, on écrit a^n, et pour indiquer

la racine $n^{ième}$ de la même
quantité on écrit $\sqrt[n]{a}$.

24 Il est à remarquer que
dans l'indication de la racine 2ième
l'usage est de sous-entendre l'indice
entre les branches du radical et
d'écrire tout simplement $\sqrt{a}$.

25 La seconde et la troisième
puissance ont emprunté à la Géométrie
les noms de carré et de cube. Par
opposition les racines des mêmes
degrés s'appellent racine carrée
et racine cubique.

26 On appelle Expression
littérale ou Expression algébrique
toute quantité représentée par des
lettres, isolées ou réunies par des
signes.

27 Une quantité algébrique
est dite rationnelle quand elle ne
renferme aucun radical, et irrationnelle
dans le cas contraire; elle est dite
entière lorsque étant rationnelle.
elle n'a pas de dénominateur.

28 Toute expression algébrique
isolée telle que $5\,a$, $2\,b$, ou $2\,ab^3$

est un monome; la réunion de plusieurs monomes assemblés par les signes + et — s'appelle en général un polynome et en particulier binome si elle ne renferme que deux monomes, trinome si elle en renferme trois et ainsi de suite.

29 Les monomes considéré dans un polynome prennent le nom de termes. Un terme est dit positif ou négatif suivant qu'il est précédé du signe + ou du signe —; s'il n'est précédé d'aucun signe il est censé avoir le signe +.

30 Quand on compare deux monomes par rapport à une lettre commune, le plus grand est celui où cette lettre a le plus haut exposant. Ainsi le plus grand par rapport à une certaine lettre peut être le plus petit par rapport à une autre lettre.

31 On entend 1º par degré d'un monome ou d'un terme la somme des exposants de tous ses facteurs algébriques. 2º par polynome

homogène celui dont tous les termes sont de même degré.

32 On appelle valeur numérique d'un polynome et en général d'une expression algébrique le nombre qu'on obtient lorsqu'en y substituant aux lettres de valeurs arithmétiques on effectue les opérations que comporte cette expression.

33 Lorsque dans un polynome on change les signes + en − et les signes − en + , la valeur numérique qui d'ailleurs reste la même en grandeur change aussi de signe.

34 On ne change pas la valeur numérique d'un polynome, quand on intervertit l'ordre de ses termes, pourvu que l'on ait soin de conserver à chacun d'eux le signe qui lui est propre.

35 Ordonner un polynome c'est disposer tous ses termes de manière que les exposants d'une même lettre aillent en croissant ou en décroissant et alors cette lettre s'appelle lettre

ordonnatrice ou plus souvent lettre principale.

36 On dit que deux termes sont semblables quand ils sont composés des mêmes lettres affectées des mêmes exposants quels que soient les coefficients et les signes.

37 Pour réunir en un seul, plusieurs termes semblables, on additionne d'une part, les coefficients positifs, de l'autre les coefficients négatifs, on retranche la plus petite somme de la plus grande, et l'on donne le reste affecté du signe de la plus grande pour coefficient à la partie littérale commune.

38 Lorsqu'un polynome renferme un ou plusieurs groupes de termes semblables, on peut toujours le transformer en un autre de même valeur, en réduisant chaque groupe à un seul terme, et c'est en cela que consiste ce qu'on appelle la réduction des termes semblables.

Calcul algébrique.

39   On est conduit à effectuer sur les quantités littérales certaines opérations auxquelles on a donné les noms connus d'addition, soustraction, multiplication &ᵃ ; mais qui diffèrent de celles qui se pratiquent sur les nombres, en ce que les résultats ne sont encore sous d'autres formes que des indications de calculs à effectuer.

40   De là vient que l'algèbre admet isolément des monomes précédés du signe — et qu'on appelle quantités négatives. On est convenu de les considérer comme moindres que zéro, et même en les comparant entre elles, de considérer comme la plus petite celle dont la valeur absolue est la plus grande.

41   Addition. Cette opération consiste, pour les monomes comme pour les polynomes, à placer les quantités à la suite l'une de l'autre, en ayant soin de leur conserver

tous les signes qui leur sont propres ; puis à effectuer la réduction s'il y a lieu.

42 Soustraction. Cette opération consiste, pour les monomes comme pour les polynomes, à placer les quantités à la suite l'une de l'autre, en ayant soin de changer tous les signes des quantités à soustraire, puis à effectuer la réduction s'il y a lieu.

43 Multiplication des monomes. Cette opération consiste : 1° à multiplier les coefficients l'un par l'autre, 2° à additionner les exposants des lettres communes, 3° à prendre les autres lettres comme elles sont, 4° à donner au produit ainsi obtenu le signe + quand les facteurs ont le même signe, et le signe − quand ils ont des signes contraires.

44 Multiplication des polynomes. Cette opération consiste à multiplier successivement tous les termes du multiplicande par chaque terme du multiplicateur, en ayant soin de donner aux produits partiels tous les signes du multiplicande quand le terme

du multiplicateur est positif et des signes contraires quand il est négatif.

45 S'il arrive que l'un des deux polynomes, ou même l'un et l'autre, renferment un ou plusieurs groupes de termes contenant la même puissance de la lettre principale, il est avantageux d'en disposer les termes en colonnes verticales, en ayant soin de les ordonner entre eux par rapport à une autre lettre, et alors ces différents groupes donnent lieu à autant d'opérations partielles, que, pour la commodité du calcul, il convient d'effectuer à part.

46 Division des monomes. Cette opération consiste : 1º à diviser le coefficient du dividende par celui du diviseur ; 2º à retrancher pour les lettres communes l'exposant du diviseur de celui du dividende ; 3º à prendre les autres lettres comme elles sont ; 4º à donner au quotient ainsi obtenu, le signe + quand les monomes ont le même signe et le signe — quand

ils ont des signes contraires.

47 Si l'on exclut pour le moment les coefficients fractionnaires et les exposants négatifs, on doit regarder comme impossible la division d'un monome par un autre, 1° si le coefficient du dividende n'est pas multiple de celui du diviseur; 2° si l'exposant d'une lettre commune est plus faible au dividende qu'au diviseur; 3° si le dividende ne renferme pas toutes les lettres du diviseur.

48 Division des polynomes.
Cette opération consiste à ordonner les deux polynomes par rapport à une même lettre; à diviser le premier terme du dividende par le premier terme du diviseur, ce qui donne le premier terme du quotient; à retrancher du dividende le produit du diviseur par le quotient obtenu, puis à diviser le premier terme du reste par le premier terme du diviseur, ce qui donne le second terme du quotient et ainsi de

suite.

49 , S'il arrive que l'un des deux polynomes, ou même l'un et l'autre, renferment un ou plusieurs groupes de termes contenant la même puissance de la lettre principale, il est avantageux d'en disposer les termes en colonnes verticales, en ayant soin de les ordonner entre eux par rapport à une autre lettre ; et alors ces différents groupes donnent lieu à autant d'opérations partielles, que, pour la commodité du calcul, il convient d'effectuer à part.

50 Deux polynomes ordonnés par rapport aux puissances croissantes ou décroissantes de la même lettre ne sont pas divisibles l'un par l'autre

1° Si les termes ou la lettre principale a le plus faible et le plus fort exposant ne sont pas divisibles l'un par l'autre

2° Si l'on obtient un reste dont le premier terme ne soit pas divisible par le premier terme du diviseur ;

3° si l'on est conduit à placer au

quotient un terme où la lettre principale ait un exposant plus fort ou plus faible que celui qu'elle a dans le dernier terme du dividende diminué de celui qu'elle a dans le dernier terme du diviseur.

51 Pour qu'un polynome ordonné par rapport à une certaine lettre soit divisible par un polynome indépendant de cette lettre, il faut et il suffit que les multiplicateurs des diverses puissances de cette même lettre soient divisibles séparément par le diviseur et alors la division totale se réduit à diviser successivement par le diviseur proposé chacun des multiplicateurs de la lettre principale dans le dividende, et la somme des quotients partiels est le quotient total.

52 On peut constater ici l'existence de certaines propositions d'une utilité constante, savoir:

1.° que $(a + b)^2 = a^2 + 2ab + b^2$;

2.° que $(a - b)^2 = a^2 - 2ab + b^2$;

3.° que $(a + b)(a - b) = a^2 - b^2$;

4° que $a^m - b^m$ est toujours divisible par $a - b$; 5° que $a^m + b^m$ n'est jamais divisible par $a - b$; 6° que $a^m - b^m$ est divisible par $a + b$, quand m est un nombre pair ; 7° que $a^m + b^m$ est divisible par $a + b$ quand m est un nombre impair.

Propriétés des Égalités.

53 Outre que l'on peut sans troubler une égalité augmenter ou diminuer ses deux membres de la même quantité, et les multiplier ou les diviser par la même quantité on peut aussi les élever à des puissances semblables ou en extraire des racines de même degré par conséquent.

54 Pour faire passer un terme d'un membre dans l'autre, il suffit de le supprimer dans le membre où il se trouve et de l'écrire dans l'autre avec un signe contraire.

55 Pour dégager un terme

de son dénominateur ou de son coefficient il suffit de multiplier tous les autres par ce dénominateur ou de les diviser par ce coefficient.

56 On peut 1° Isoler dans le premier membre d'une égalité tel terme que l'on voudra en faisant passer tous les autres dans le second, 2° réduire ce terme à tel de ses facteurs que l'on voudra, en divisant le second membre par les autres facteurs, 3° dégager celui-ci de son radical s'il en a un, en élevant le second membre à la puissance du degré marqué par l'indice du radical, 4° le dégager de son exposant s'il en a un en extrayant du second membre la racine du degré marqué par l'exposant du facteur. Donc ce facteur doit être égal au résultat qu'on obtiendrait en effectuant les calculs dont l'ordre et la nature sont indiqués par le second membre qui est alors ce qu'on appelle une formule.

Propriétés des Inégalités.

___

57 On peut sans troubler une inégalité augmenter ou diminuer ses deux membres de la même quantité par conséquent.

58 Pour faire passer un terme d'un membre dans l'autre il suffit de le supprimer dans le membre où il se trouve et de l'écrire dans l'autre avec un signe contraire.

59 Lorsqu'on change tous les signes d'une inégalité, cette inégalité existe en sens contraire.

60 On peut sans troubler une inégalité multiplier ou diviser ses deux membres par une quantité positive.

61 Quand on multiplie ou qu'on divise les deux membres d'une inégalité par une quantité négative, cette inégalité existe en sens contraire.

62. Quand on élève à des puissances semblables les deux membres

d'une inégalité ou qu'on en extrait des racines de même degré on ignore si l'inégalité subsiste encore dans le même sens ou si elle existe en sens contraire.

Propriétés des Nombres.

63   Lorsqu'un nombre divise un produit de deux facteurs, s'il est premier avec l'un des facteurs, il divise nécessairement l'autre.

64   Tout nombre premier, qui divise un produit de plusieurs facteurs, divise nécessairement un des facteurs du produit.

65   Tout nombre dérivé ne peut se décomposer en facteurs premiers que d'une seule manière.

66   Un produit de plusieurs nombres renferme tous les facteurs premiers de chacun de ces nombres, et il n'en renferme pas d'autres.

67   Lorsqu'un nombre est divisible par un autre, il en renferme tous les facteurs premiers.

68   Réciproquement un nombre est divisible par un autre, quand il en renferme tous les facteurs premiers.

69   Lorsqu'un nombre est divisible par plusieurs autres premiers entre eux deux à deux, il est divisible par leur produit.

70   Lorsqu'un nombre est premier avec chacun des facteurs d'un produit, il est premier avec ce produit.

71   Lorsque les facteurs d'un produit sont premiers deux à deux avec ceux d'un autre produit, les produits sont premiers entre eux.

72   Lorsque deux nombres sont premiers entre eux, leurs puissances semblables ou non semblables sont premières entre elles.

73   Tout nombre entier dont la racine $N^{ième}$ n'est pas un nombre entier est une puissance imparfaite du degré N, c'est à dire que sa racine $N^{ième}$ est incommensurable.

74 Les facteurs premiers d'une puissance quelconque sont toujours en nombre multiple du degré de la puissance.

75 Tout nombre qui étant divisible par 2 ou par 3 ou par 5 &c. ne l'est pas par 2^n ou par 3^n ou par 5^n &c, est une puissance imparfaite du degré n.

76 Le nombre total des diviseurs d'un nombre dérivé est égal au produit des exposants de ses facteurs premiers, chacun de ces exposants étant augmenté de 1.

77 Le produit de tous les facteurs premiers communs à deux nombres est leur plus grand commun diviseur.

78 On n'altère pas le plus grand commun diviseur entre deux nombres, quand on multiplie ou qu'on divise l'un d'eux par un nombre premier avec l'autre.

79. Tout nombre qui en divise deux autres, divise aussi leur plus grand commun diviseur.

80   Quand on divise deux nombres par un facteur commun on divise leur plus grand commun diviseur par ce facteur.

81   Lorsqu'un nombre en divise deux autres dont le plus grand n'est pas multiple du plus petit il divise le reste de leur division.

82   Le plus petit multiple commun à deux nombres est égal à leur produit divisé par leur plus grand commun diviseur.

83   Réciproquement le plus grand diviseur commun à deux nombres est égal à leur produit divisé par leur plus petit multiple.

84   On obtient le plus grand diviseur commun à plusieurs monomes en formant un produit avec leurs différents facteurs pris chacun avec l'exposant qu'il a dans le monome où cet exposant est le plus petit, et en donnant pour coefficient à ce produit le plus grand diviseur commun aux coefficients des monomes.

85   pour obtenir le plus grand diviseur commun à deux polynomes, on supprime dans chacun d'eux le plus grand monome commun à tous leurs termes, avec la précaution de mettre à part le diviseur commun à ces deux monomes, s'ils ne sont pas premiers entre eux ; on divise ensuite l'un par l'autre les deux polynomes ainsi préparés et supposés ordonnés par rapport à la même lettre, et après avoir rendu possible si elle ne l'était pas la division des deux premiers termes ; ce qui se fait en introduisant au dividende les facteurs du diviseur qui empêchent la division arrivée à un reste moindre que le diviseur, on opère sur ces deux polynomes comme sur les deux précédents jusqu'à ce qu'on arrive à un diviseur qui donnant un reste, est lui même le plus grand commun diviseur cherché, si les deux facteurs monomes supprimés tout d'abord n'ont pas de

facteur commun ; dans le cas contraire il faut multiplier le plus grand commun diviseur trouvé par ce facteur pour avoir le plus grand commun diviseur cherché.

86 Pour trouver comme précédemment le plus grand diviseur commun à plus de deux polynomes, on cherche d'abord le plus grand diviseur commun à deux d'entre eux puis le plus grand commun diviseur entre celui qu'on vient de trouver et le polynome suivant, et ainsi de suite, le plus grand commun diviseur trouvé en dernier lieu est le plus grand commun diviseur cherché.

87 On obtient le plus petit multiple commun à plusieurs monomes, en formant un produit avec leurs différents facteurs pris chacun avec l'exposant qu'il a dans le monome où cet exposant est le plus grand, et en donnant pour coefficient à ce produit le plus petit multiple commun aux coefficients des monomes.

88 On obtient aussi le plus petit multiple commun à deux polynomes, en divisant l'un d'eux

par leur plus grand commun diviseur et en multipliant l'autre par le quotient obtenu.

89   Pour trouver comme précédemment le plus petit multiple commun à plus de deux polynomes, on cherche d'abord le plus petit multiple commun à deux d'entreux, puis le plus petit multiple commun à celui qu'on vient de trouver et le polynome suivant, et ainsi de suite, le plus petit multiple commun obtenu en dernier lieu est le plus petit commun multiple cherché.

Fractions algébriques.

90   La fraction littérale à la même origine que la fraction numérique, ainsi l'on doit s'en faire la même idée, en la considérer comme indiquant le quotient de son numérateur par son dénominateur.

91   La fraction littérale comme la fraction numérique, ne change pas de valeur quand on multiplie ou qu'on divise ses deux termes par

une même quantité, mais il n'en est
pas de même quand on les augmente
ou qu'on les diminue de la même
quantité.

92 La fraction littérale comme
la fraction numérique, peut se simplifier
par la suppression des facteurs communs
ou par la division de ses deux termes
par leur plus grand commun
diviseur.

93 Les fractions littérales
comme les fractions numériques, peuvent se réduire au même dénominateur par la multiplication des deux
termes de chacune d'elles par les
dénominateurs des autres.

94 Les fractions littérales
comme les fractions numériques, quand
leurs dénominateurs ont des facteurs
communs peuvent, sans changer de
valeur prendre pour dénominateur
commun le plus petit multiple commun à tous leurs dénominateurs.

95 Le calcul des fractions
littérales est partout assujéti aux
mêmes lois que le calcul des fractions

numériques, ex ne diffère que par la manière de procéder, dans l'application des mêmes règles.

96 S'il arrive que les termes d'une fraction littérale soient des puissances semblables d'une même quantité, sa valeur numérique est rigoureusement égale à l'unité; ainsi $\dfrac{a^n}{a^n} = 1$ et comme d'ailleurs $\dfrac{a^n}{a^n} = a^0$ il s'en suit que $a^0 = 1$.

97 Mais si l'exposant du numérateur est moindre que celui du dénominateur, l'application des règles établies pour la soustraction et la division conduit à un quotient dont l'exposant est négatif, ainsi

$$\frac{a^m}{a^{m+n}} = a^{-n}.$$

98 Toute quantité affectée d'un exposant négatif est égale à l'unité, divisée par cette même quantité prise avec l'exposant positif; ainsi $a^{-n} = \dfrac{1}{a^n}$. les exposants négatifs suivent dans le calcul les mêmes règles que les exposants positifs.

Fractions continues.

———

99 On donne le nom de fraction continue à une expression qui a pour numérateur l'unité et pour dénominateur un nombre entier plus une fraction, qui elle même a pour numérateur l'unité et pour dénominateur un nombre entier plus une fraction, et ainsi de suite.

100 Chacun des termes dont l'enchaînement forme une fraction continue se nomme fraction intégrante, le dénominateur de chaque fraction intégrante s'appelle quotient incomplet quand on le considère isolément, et quotient complet quand on le fait suivre de la partie de la fraction continue qui vient après lui.

101 On entend par réduites ou fractions convergentes, les expressions que l'on obtient en convertissant en fractions ordinaires les suites successives d'un, de deux, de trois &c..., termes de la fraction continue à partir pour chacune du premier terme

inclusivement.

102 Les fractions continues servent à exprimer certaines valeurs approchées des quantités fractionnaires et irrationnelles. Dans le premier cas leur développement à une limite nécessaire, dans le second il se prolonge indéfiniment.

103 On obtient les quotients incomplets et par conséquent le développement d'une fraction continue représentant une quantité fractionnaire, en divisant le numérateur par le dénominateur, puis le dénominateur par le premier reste, le 1.er reste par le second, et ainsi de suite.

104 On obtient les quotients incomplets et par suite le développement d'une fraction continue exprésentant une quantité irrationnelle, en calculant de celle-ci une valeur approchée en fraction décimale, on convertit cette valeur en une fraction ordinaire sur laquelle on opère comme dans le cas précédent.

105 Pour plus d'exactitude

on augmente d'une unité la dernière figure du nombre décimal qui n'est qu'une approximation par défaut, on obtient ainsi une approximation par excès, et la quantité irrationnelle se trouve comprise entre deux limites que l'on soumet successivement au calcul indiqué, et l'on emploie seulement dans la fraction continue les quotients qui leur sont communs.

106 On obtient chaque réduite à partir de la troisième, en multipliant les deux termes de la réduite précédente par le quotient incomplet correspondant à la réduite que l'on veut former en ajoutant respectivement aux deux produits ainsi formés les deux termes de la réduite qui précède la précédente.

107 Les réduites successives sont alternativement plus petites et plus grandes que la fraction continue qui par conséquent se trouve comprise entre deux réduites consécutives quelconques.

108 Toutes les réduites de rang impair sont des fractions plus petites

que la fraction continue, et toutes les réduites de rang pair sont plus grandes que cette quantité.

109   La différence entre deux réduites consécutives est égale à l'unité divisée par le produit de leurs dénominateurs, et l'erreur commise quand on prend une réduite pour la fraction continue, est moindre que l'unité divisée par le carré du dénominateur de la réduite.

110   Les réduites successives sont des fractions irréductibles dont chacune approche plus de la fraction continue, non seulement que la réduite précédente mais même que toute autre fraction ayant un dénominateur moindre.

Racines carrées.

111   La racine carrée algébrique diffère de la racine carrée arithmétique en ce qu'elle a toujours deux valeurs égales et de signe contraire. Ainsi l'on a $\sqrt{A} = \pm a$, la raison en est que $(+a)^2 = (-a)^2 = A$

112   Si la quantité soumise au radical est négative les deux racines sont imaginaires, et tout radical imaginaire peut être transformé en un produit de deux facteurs, l'un réel l'autre égal à $\sqrt{-1}$. Ainsi l'on a: $\sqrt{-A} = a \pm \sqrt{-1}$.

113   On élève un produit au carré en élevant au carré chacun des facteurs du produit; par conséquent on extrait la racine carrée d'un produit en extrayant la racine carrée de chacun des facteurs du produit

114   On élève au carré une quantité affectée d'un exposant en multipliant cet exposant par 2; par conséquent on extrait la racine carrée d'une quantité affectée d'un exposant en divisant cet exposant par 2.

115   On élève un monome au carré en élevant au carré son coefficient et en multipliant tous les exposants par 2, par conséquent on extrait la racine carrée d'un monome, en extrayant la racine

carré du coefficient, et en divisant tous les exposants par 2.

116 Toutes les fois que ces deux opérations ne peuvent s'effectuer, on indique la racine en effectant le nome du radical, et l'on obtient ainsi de nouvelles expressions connues sous le nom de radicaux du 2.ᵉ degré.

Radicaux du 2.ᵐᵉ degré.

117 On dit que deux radicaux du 2ᵉ degré sont semblables lorsque la quantité soumise au signe est la même dans l'un que dans l'autre. Dans le cas contraire les deux radicaux sont dissemblables.

118 Pour faire passer hors du radical un facteur qui est dessous, il faut en extraire la racine carrée. Par conséquent pour faire passer sous le radical un facteur qui est en dehors il faut élever ce facteur au carré.

119 Pour réduire un radical

du 2me degré à sa plus simple expression, on décompose la quantité soumise au signe en deux produits l'un ne renfermant que des facteurs carrés et l'autre n'en renfermant aucun.

120 L'Addition et la Soustraction des radicaux semblables du 2me degré, se font sur les coefficients dont on affecte la somme ou la différence du radical commun. Si les radicaux sont dissemblables ces deux opérations ne peuvent que s'indiquer.

121 Pour multiplier ou diviser l'un par l'autre deux radicaux du 2me degré, on multiplie ou on divise entre eux les coefficients et entre elles les quantités soumises aux signes.

122 Le carré d'un polynome est égal au carré du premier terme, plus le double produit du premier terme par le second, plus le carré du second, plus le double produit de chacun des deux premiers par le troisième, plus le carré du troisième, plus le double produit de chacun des trois

premiers par le quatrième, plus le carré
du quatrième et ainsi de suite.

123 Pour extraire la racine
carrée d'un polynome supposé ordonné,
on prend la racine du premier terme
à gauche, et l'on a le premier terme
de la racine cherchée, pour avoir le
second on retranche du polynome le
carré de la racine trouvée, on divise le
premier terme du reste par le double
du premier terme de la racine trouvée
et l'on a le second terme de la racine
cherchée, pour avoir le troisième on
retranche du polynome le carré de la
racine trouvée, on opère sur le reste
comme sur le précédent et ainsi
de suite.

124 S'il arrive que le polynome
proposé renferme un ou plusieurs
groupes de termes comportant la
même puissance de la lettre principale, il est avantageux d'en disposer
les termes en colonnes verticales, en
ayant soin de les ordonner entre eux
par rapport à une autre lettre, et
alors ces différents groupes donnent

lieu à autant d'opérations partielles, que pour la commodité du calcul, il convient d'effectuer à part.

125 Un polynome ordonné par rapport aux puissances croissantes ou décroissantes de la même lettre, ne peut être le carré d'un autre polynome. 1° si les termes où la lettre principale a le plus fort et le plus faible exposant ne sont pas des carrés parfaits; 2° si le 1er terme d'un des restes n'est pas divisible par le double du 1er terme de la racine 3° si l'on est conduit à placer à la racine un terme, où la lettre principale ait un exposant plus fort ou plus faible que la moitié de celui qu'elle a dans le dernier terme du polynome proposé.

Équations du premier degré.

126 Toute égalité, qui renferme une ou plusieurs inconnues est une équation, s'il existe certaines valeurs, qui substituées aux inconnues, rendent le premier membre

identiquement égal au second.

127   Résoudre une équation c'est déterminer une valeur ou un système de valeurs, qui mises à la place des inconnues rendent identiques les deux membres de l'équation.

128   Le degré de l'équation, quand elle n'a plus que des termes entiers, est toujours indiqué par la somme des exposants des inconnues prise dans le terme où cette somme est la plus grande.

129   Une équation quelle que soit son degré, est dite numérique si les inconnues n'y sont combinées qu'avec des nombres ; elle est dite littérale, si les quantités connues y sont représentées par des lettres.

130   On débarrasse une équation de ses dénominateurs, en multipliant tous les termes entiers par le plus petit multiple commun aux dénominateurs, et chacun des autres termes par le quotient qu'on obtient, en divisant le plus petit commun multiple par son dénomi-

nateur.

131	La résolution d'une équation du premier degré à une inconnue x, consiste à 1º chasser tous les dénominateurs s'il y en a; 2º réunir les termes en x dans le premier membre et les autres dans le second, 3º effectuer la réduction des termes semblables, et la suppression des facteurs communs, 4º donner au premier membre la forme d'un produit dont x soit un des facteurs et diviser les deux membres par l'autre facteur.

132	On peut sans altérer les inconnues substituer à un système de plusieurs équations un autre système pourvu qu'il soit tiré du premier par l'application des diverses propriétés dont l'égalité est susceptible.

133	La résolution de plusieurs équations à pareil nombre d'inconnues, se ramène toujours à la résolution d'une seule équation à une seule inconnue, en éliminant successivement toutes les autres, ainsi que cela peut se faire de plusieurs manières.

134. L'Élimination par substitution, consiste à tirer de l'une des équations la valeur d'une inconnue, puis à substituer cette valeur dans les autres équations.

135. L'Élimination par comparaison, consiste à tirer la valeur d'une même inconnue de chacune des équations, puis à égaler ces valeurs deux à deux.

136. L'Élimination par réduction, consiste à rendre égaux les coefficients de la même inconnue, puis à combiner les équations deux à deux par voie d'addition ou de soustraction, suivant que les coefficients sont de signes contraires ou de mêmes signes.

137. L'Élimination par indéterminées consiste à multiplier chaque équation, hormis une, par une indéterminée particulière, à les combiner ensuite en une seule

par voie d'addition ou de soustraction,
puis à disposer des indéterminées de
manière à rendre nul le coefficient
de l'inconnue que l'on veut éliminer.

138   Pour résoudre plusieurs
équations à pareil nombre d'inconnues,
on élimine d'abord une inconnue entre
une équation et chacune des autres,
ce qui diminue d'une unité le nombre des équations et celui des inconnues,
on élimine ensuite une autre inconnue entre une équation du nouveau
système et chacune des autres, ce qui
réduit encore d'une unité le nombre
des équations et celui des inconnues.
On continue de la sorte jusqu'à ce
qu'on parvienne à une seule équation, à une seule inconnue, qu'on
appelle équation finale; on tire de
celle ci la valeur de l'inconnue qu'elle
renferme, on la substitue dans le
système de deux équations à deux
inconnues, et l'on obtient la valeur
d'une seconde inconnue. On substitue
ces deux valeurs dans le système de
trois équations à trois inconnues,

et ainsi de suite, jusqu'à ce qu'on soit remonté au système proposé, au moyen duquel on obtient la valeur de la dernière inconnue.

139   Lorsque dans un système d'équations en nombre égal à celui des inconnues, celles-ci n'entrent pas toutes à la fois dans chaque équation, le calcul quoique généralement plus simple n'en est pas moins assujetti aux règles précédemment établies pour la résolution d'un nombre quelconque d'équations à pareil nombre d'inconnues.

140   L'observation des formules générales auxquelles on est conduit dans la résolution de plusieurs équations à pareil nombre d'inconnues, a fait découvrir des règles, au moyen desquelles on peut obtenir sans calcul, les formules qui conviennent à un nombre quelconque d'équations à pareil nombre d'inconnues.

141   Dans le cas de deux équations à deux inconnues, si les coefficients sont a et b, on forme les

Élémentaire.

deux permutations ab et ba, entre les quelles on place le signe $-$, on surmonte dans chaque terme la seconde lettre d'un accent et l'on obtient $ab' - ba'$ pour le dénominateur commun des deux formules.

142 Dans le cas de trois équations à trois inconnues, si les coefficients sont a, b et c, on fait passer la lettre c à toutes les places dans chaque terme de l'expression $ab - ba$, on alterne les signes en ayant soin de commencer par le signe $+$ pour les termes qui proviennent d'un terme positif et par le signe $-$ pour ceux qui proviennent d'un terme négatif on surmonte ensuite dans chaque terme la seconde lettre d'un accent, la troisième de deux et l'on a : $ab'c'' - ac'b'' + ca'b'' - ba'c'' + bc'a'' - cb'a''$ pour le dénominateur commun des trois formules.

143 En procédant d'une manière analogue on trouvera au moyen du dénominateur précédent celui qui convient aux formules de quatre

équations à quatre inconnues et ainsi de suite ; dans tous les cas on obtient le numérateur de chaque formule, en remplaçant dans le dénominateur commun le coefficient de l'inconnue dont on cherche la valeur, par la lettre qui représente la quantité connue du second membre de l'équation.

144   Lorsqu'un certain nombre d'équations à pareil nombre d'inconnues proviennent de la traduction algébrique d'autant de conditions distinctes, on doit admettre comme une conséquence nécessaire de la règle établie pour la résolution d'un système d'équations du 1ᵉʳ degré en nombre égal à celui des inconnues qu'il existe un système de valeurs capable de vérifier les équations et qu'il n'en existe point d'autre.

145   Quand on a m inconnues et $m + n$ équations, le système est pour ainsi dire plus que déterminé, car en choisissant m équations le calcul donne pour les m inconnues un système de valeurs qui vérifient ou ne vérifient

pas les n autres équations qu'on appelle alors équations de conditions : dans le premier cas, certaines équations du système sont des conséquences les unes des autres et leur nombre doit se réduire à celui des inconnues, dans le second cas, les équations sont contradictoires et supposent par cela même des conditions dont l'incompatibilité trahit une question absurde.

146 Quand on a m équations et $m + n$ inconnues, le système est indéterminé, c'est-à-dire qu'il admet une infinité de solutions, car on peut donner des valeurs arbitraires à n inconnues et le calcul fera connaître pour les autres des valeurs correspondantes. Cependant si la question comporte certaines restrictions comme par exemple de n'admettre que des valeurs entières ou positives ou bien assujetties à ces deux conditions, il peut arriver que ces valeurs se trouvent comprises entre deux limites et soient par conséquent en nombre déterminé.

147 Il peut arriver qu'un

système d'équations en nombre égal à celui des inconnues, soit indéterminé, car certaines conditions différentes en apparence, peuvent être les mêmes quant au fond, et les équations auxquelles elles donnent lieu rentrent les unes dans les autres ; ce cas retombe ainsi dans celui où l'on a plus d'incon nues que d'équations. Quoiqu'il en soit on procède comme à l'ordinaire à la recherche des inconnues et l'in détermination se manifeste toujours par autant d'identités que le système renferme d'équations inutiles.

148 Souvent l'indétermination se manifeste par le symbole $\frac{0}{0}$ que le calcul fournit pour les inconnues mais afin de ne pas s'y tromper il convient de s'assurer avant tout si véritablement ce symbole ne doit pas être attribué à la présence d'un facteur commun aux deux termes de la formule et qui devient nul par suite de quelques hypothèse particulière faite sur les données mêmes de la question.

149 L'impossibilité se manifeste par une équation finale évidemment absurde ou par une expression de la forme $\frac{a}{0}$ qui est le symbole de l'infini ainsi que ∞, ou bien encore par une solution négative, mais celle-ci a l'avantage d'indiquer avec précision que certaines conditions de l'énoncé sont contradictoires ou que l'hypothèse faite pour traduire le problème en équation est erronée, ou bien enfin que la question est susceptible de deux solutions distinctes.

Équations du 2ᵉ degré.

150 Une équation du 2ᵉ degré à une inconnue ne peut renfermer que des termes en x^2, des termes en x, et des termes indépendants d'x. Par conséquent l'équation générale du 2ᵉ degré peut toujours se ramener à la forme : $ax^2 + bx + c = 0$.

151 On fait encore subir à cette équation une simplification qui consiste à dégager x^2 de son coefficient

ce qui se fait en divisant par a tous les termes de l'équation, et l'on obtient $x^2 + \frac{b}{a} x + \frac{c}{a} = 0$; en posant pour éviter les dénominateurs $\frac{b}{a} = p$ et $\frac{c}{a} = q$, cette équation prend la forme: $x^2 + px + q = 0$.

152 Toute équation du 2e degré qui ne renferme pas la première puissance de l'inconnue peut toujours se ramener à la forme $ax^2 = b$, puis en divisant par a, $x^2 = \frac{b}{a}$ ou bien en posant $\frac{b}{a} = p$, $x^2 = p$; d'où l'on voit qu'on aura toutes les solutions de l'équation dans les deux valeurs $x = \pm \sqrt{p}$, qu'on appelle racine de l'équation.

153 Pour résoudre une équation générale du 2e degré ramenée à la forme $x^2 + px = q$, il suffit d'ajouter de part et d'autre le carré de la moitié du coefficient du 2me terme, d'extraire la racine des deux membres et enfin de tirer la valeur d'x de l'équation du 1er degré ainsi obtenue.

154 Quand une équation du

2me degré est ramenée à la forme :

$$x^2 + px + q = 0.$$

on obtient les deux racines, en prenant en signe contraire la moitié du coefficient du 2me terme $\pm$ la racine de la somme formée en ajoutant le $\frac{1}{4}$ du carré de ce coefficient au terme tout comme pris aussi avec un signe contraire.

155 Toute équation du 2me degré ramenée à la forme $x^2 + px + q = 0$, est nécessairement comprise dans l'un des cas suivants : $x^2 + px + q = 0$, $x^2 + px - q = 0$, $x^2 - px + q = 0$, $x^2 - px - q = 0$ dont les racines sont respectivement :

$$x = -\tfrac{1}{2}p \pm \sqrt{\tfrac{1}{4}p^2 - q}, \quad x = -\tfrac{1}{2}p \pm \sqrt{\tfrac{1}{4}p^2 + q}$$
$$x = \tfrac{1}{2}p \pm \sqrt{\tfrac{1}{4}p^2 - q}, \quad x = \tfrac{1}{2}p \pm \sqrt{\tfrac{1}{4}p^2 + q}.$$

156 En faisant passer par divers états de grandeur les quantités soumises au radical dans les formules précédentes, les racines des équations correspondantes peuvent être réelles ou imaginaires ; dans le 1er cas elles sont l'une et l'autre positives ou l'une et l'autre négatives, ou l'une

positive et l'autre négative ou bien enfin elles se réduisent à une seule positive ou négative. Dans le 2e cas on doit conclure qu'il n'existe aucune valeur qui puisse vérifier l'équation et reconnaître à ce caractère l'absurdité de la question dont elle est la traduction.

157 Bien que l'existence de deux solutions pour une équation du 2e degré soit suffisamment constatée par la double valeur du radical qui entre nécessairement dans la formule, on peut encore l'expliquer en faisant voir que le trinome $x^2 + px + q$, est décomposable en deux facteurs du 1er degré dont le produit est nul, que par conséquent on peut en les égalant successivement à zéro tirer les deux racines de l'équation proposée.

158 Les deux facteurs dont le produit est égal au trinome $x^2 + px + q$, sont les mêmes que ceux qu'on obtient en retranchant d'x les deux racines de l'équation en sorte qu'en nommant y et z ces deux racines on a $(x-y)(x-z)$

$$= x^2 - (y + z) x + yz = x^2 + px + q,$$ d'où l'on voit que quand une équation est ramenée à la forme $x^2 + px + q = 0$, la somme des racines est égale au coefficient du 2e terme pris en signe contraire et leur produit est égal au troisième terme.

159   La résolution d'un système d'équations dont une seulement soit du 2e degré les autres étant du 1er se fait sans difficulté par l'application des règles établies pour l'élimination des inconnues mais dès qu'il entre dans le système plus d'une équation du 2e degré on est conduit par l'élimination à un système d'équation d'un degré supérieur, et dont la résolution ne peut trouver place ici.

Équations Trinomes.

160   On appelle équations trinomes celles qui ne renferment que deux puissances de l'inconnue l'une double de l'autre et que par conséquent on peut comprendre sous

la forme générale $x^{2m} + px^m + q = 0$. Suivant que m est ou n'est pas une puissance de 2, les équations trinomes se divisent en deux classes dont la première comprend les équations qu'on désigne ordinairement sous le nom d'équations bicarrées.

161   Pour résoudre une équation trinome $x^{2m} + px^m + q = 0$. On pose : $x^m = y$ ce qui donne $x^{2m} = y^2$, substituant ces valeurs dans la proposée on obtient l'équation du 2ᵉ degré : $y^2 + py + q = 0$, d'où l'on tire : $y = -\frac{1}{2}p \pm \sqrt{\frac{1}{4}p^2 - q}$ mais en remplaçant y par sa valeur dans cette égalité, il vient $x^m = -\frac{1}{2}p \pm \sqrt{\frac{1}{4}p^2 - q}$. d'où l'on tire enfin pour racines de l'équation trinome :

$$x = \sqrt[m]{-\frac{1}{2}p \pm \sqrt{\frac{1}{4}p^2 - q}}$$

162   On peut se convaincre par l'examen de la formule.

$$x = \sqrt[m]{-\frac{1}{2}p \pm \sqrt{\frac{1}{4}p^2 - q}}.$$

1º que l'on détermine toujours pour l'équation bicarrée autant de racines qu'il y a d'unités dans l'exposant de la plus haute puissance de l'inconnue. 2°. que dans tout autre cas de l'équation trinome on atteindra jamais ce nombre quoique cette propriété soit commune aux équations de tous les degrés. Cependant les racines qu'on ne peut obtenir par ce moyen étant toujours imaginaires comme on peut s'en assurer, il est avantageux de s'en tenir à cette méthode toutes les fois qu'on ne doit avoir égard qu'aux racines réelles.

Puissances et Racines.

163   On élève un produit à une puissance, en élevant à cette puissance chacun des facteurs du produit. Par conséquent, on obtient la racine d'un produit, en extrayant la racine de chacun des facteurs du produit.

164   On élève à une puissance une quantité affectée d'un exposant en multipliant l'exposant par celui de la puissance. Par conséquent, on extrait la racine d'une quantité affectée d'un exposant en divisant l'exposant

par l'indice de la racine.

165   On élève un monome à une puissance en élevant son coeffi- cient à cette puissance, et en multipliant les exposants par le degré de la puissance. Par conséquent, on obtient la racine d'un monome, en extrayant la racine de son coefficient, et en divisant les exposants par l'indice de la racine.

166   Lorsque ces deux opérations ne peuvent s'effectuer, on indique la racine, en affectant le monome du radical qui lui convient. Ce sont les expressions de ce genre que l'on désigne en général sous le nom de **radicaux**.

167   Les puissances de degré pair d'une quantité positive ou négative sont toutes positives. Par conséquent les racines de degré pair d'une quantité ont une double valeur réelle ou imagi- naire, selon que cette quantité est positive ou négative.

168   Les puissances de degré impair d'une quantité positive ou négative sont de même signe que cette quantité. Par conséquent, les racines

de degré impair d'une quantité positive
ou négative ont le même signe que
cette quantité.

Radicaux quelconques.

___

169   On dit que deux radicaux
sont semblables, lorsqu'étant de
même indice, la quantité soumise au
signe est la même dans l'un que
dans l'autre. Dans le cas contraire,
les radicaux sont dissemblables.

170   Pour faire passer hors
du radical un facteur qui est dessous,
il faut extraire de ce facteur la
racine du degré marqué par l'indice
du radical. Par conséquent, pour
faire passer sous le radical un facteur
qui est endehors, il faut élever ce
facteur à la puissance indiquée par
l'indice du radical.

171   Pour réduire un radical
à sa plus simple expression, on décompose la quantité soumise au signe
en deux produits, l'un ne renfermant
que des facteurs de même degré

que le radical, et l'autre n'en renfermant aucun ; après quoi, on extrait la racine du premier, et l'on indique celle du second.

172 On ne change pas la valeur d'un radical, en multipliant l'indice par un nombre entier, pourvu qu'on élève la quantité soumise au signe à la puissance marquée par ce nombre. Par conséquent, on ne change pas la valeur d'un radical, en divisant l'indice par un nombre entier, pourvu qu'on extraie de la quantité soumise au signe la racine du degré marqué par ce nombre.

173 On réduit plusieurs radicaux au même indice, sans changer leur valeur, en prenant comme indice commun le plus petit multiple commun à leurs indices particuliers, et en élevant pour chacun d'eux, la quantité soumise au signe à la puissance du degré, marqué par le quotient de l'indice commun, divisé par l'indice particulier.

174   L'addition et la soustraction des radicaux semblables se font sur les coefficients, dont on affecte la somme ou la différence du radical commun. Si les radicaux sont dissemblables, ces deux opérations ne peuvent que s'indiquer.

175   Pour multiplier ou diviser des radicaux de même indice, on multiplie les coefficients entre eux, et entre elles les quantités soumises aux signes. Si les radicaux étaient de degré différent, on commencerait par les réduire au même indice.

176   On élève un radical à une puissance en élevant à cette puissance la quantité soumise au signe, ou bien en divisant l'indice par le degré de la puissance. Par conséquent, on extrait la racine d'un radical, en extrayant la racine de la quantité soumise au signe, ou en multipliant l'indice par le degré de la racine.

177   Toutes les fois que l'indice est un produit de plusieurs facteurs, on obtient la valeur du radical, en

extrayant d'abord de la quantité soumise au signe, la racine du degré
marqué par un des facteurs; puis
du resultat, la racine du degré marqué par un autre facteur, et ainsi
de suite jusqu'au dernier facteur.

178 Puisque pour extraire
la racine d'une puissance quelconque,
il faut diviser l'exposant de la puissance par l'indice de la racine, il
s'en suit que, quand celui-ci sera
plus grand que celui-là, le résultat
aura un exposant fractionnaire qui
dans le calcul sera assujetti à la
même règle que l'exposant entier
positif ou négatif.

Binome de Newton.

179 Arrangement se dit des
différents groupes que l'on peut
former avec un certain nombre de
lettres, en les disposant 2 à 2, 3 à 3
&… de manière que chaque groupe diffère
de tous les autres, soit par la nature
des lettres qu'il renferme, soit par

leur disposition.

180. On obtient les arrangemens 2 à 2, en plaçant à côté de chaque lettre chacune de celles qui restent. On obtient les arrangemens 3 à 3 en plaçant à côté de chaque arrangement 2 à 2, chacune des lettres qu'il ne contient pas, et ainsi de suite, pour les arrangements 4 à 4; 5 à 5, &.

-181 en désignant par m le nombre de lettres, et par A_2, A_3, A_4, &, le nombre des arrangements 2 à 2, 3 à 3, 4 à 4, & on aura. $A_2 = m(m-1)$; $A_3 = m(m-1)(m-2)$: $A_4 = m(m-1)(m-2)(m-3)$; $A_5 = m($ &... ce qui conduit à cette formule générale: $m(m-1)(m-2)(m-3)\dots(m-n+1)$

182 Permutations se dit des différents groupes que l'on peut former avec un certain nombre de lettres, disposées de manière que chaque groupe renferme toutes les lettres, et ne diffère des autres groupes que par la disposition des lettres.

183 Les Permutations n'étant qu'un cas particulier des arrangements

on les obtient au moyen de la formule générale, en y faisant : $m = n$, de sorte que si l'on désigne par P_n, le nombre des permutations de n lettres, on a : $P_n = n (n-1)(n-2)(n-3)\ldots(n-n+1)$ ou en renversant l'ordre des facteurs $P_n = 1 \times 2 \times 3 \times \ldots n$.

184 Combinaisons ou produits différents se dit des arrangements de m lettres n à n, qui diffèrent entre eux, au moins par une des lettres qu'ils renferment : leur nombre est toujours égal au nombre total des arrangements de m lettres n à n, divisé par le nombre des permutations n à n; par conséquent, si l'on désigne par C_n le nombre des combinaisons on aura :

$$C_n = \frac{A_n}{P_n} = \frac{m(m-1)(m-2)(m-3)\ldots(m-n+1)}{1 \times 2 \times 3 \times 4 \ldots \times n}.$$

185. Le produit de plusieurs facteurs binomes $(x+a)(x+b)(x+c)(\&c)$ ayant le premier terme x commun, offre à considérer relativement aux coefficients et aux exposants

deux lois remarquables.

186 1º Relativement aux exposants, on voit que celui de x, qui dans le premier terme est égal au nombre des facteurs binomes, diminue progressivement d'une unité en passant d'un terme à l'autre, jusqu'au dernier où il est égal à zéro.

187 2º Relativement aux coefficiens, on voit que celui de x est dans le premier terme égal à 1; dans le deuxième égal à la somme des combinaisons 1 à 1 des seconds termes des facteurs binomes; dans le troisième égal à la somme des combinaisons 2 à 2 des mêmes termes; dans le quatrième égal à la somme des combinaisons 3 à 3 des mêmes termes, et ainsi de suite jusqu'au dernier; où il est égal au produit des mêmes termes.

188 Il suit de la loi précédente que, si les facteurs binomes ont aussi le terme a commun, le produit aura pour multiplicateur de x dans le premier terme 1; dans

le second $\dfrac{m}{1}\,a$; dans le troisième $\dfrac{m\,(m-1)}{1\times 2}\,a^2$; dans le quatrième $\dfrac{m\,(m-1)\,(m-2)}{1\times 2\times 3}\,a^3$ et ainsi de suite jusqu'au dernier a^m.

189 En faisant successivement $n = 1, 2, 3$, etc. dans l'expression suivante $T_{n+1} =$

$$\frac{m\,(m-1)\,(m-2)\,\cdots\,(m-n+1)}{1\times 2\times 3\,\ldots\ldots\times n}\,a^n x^{m-n}$$

que l'on nomme terme général ; on peut en déduire l'un après l'autre tous les termes de la formule du binome $(x \pm a)^m$, en observant que pour le dernier terme, on doit supposer $n = m$.

190   Dans le développement d'une puissance quelconque d'un binome $x + a$, pour passer d'un terme au suivant, il suffit de multiplier son coefficient par l'exposant de a, de diviser le résultat par le nombre qui marque le rang de ce terme, et de faire passer une unité de l'exposant de x, dans celui de a.

191   Le développement du bi-nome $(x - a)^m$, ne diffère de celui de $(x + a)^m$, qu'en ce que

ses termes sont alternativement positifs et négatifs. Ce qui revient à dire que les termes où l'exposant de x est impair ont le signe $-$ et les autres ont le signe $+$.

192 Dans le développement d'une puissance d'un binome $(x \pm a)^m$ la somme des exposants de x et de a est toujours la même; de plus, les termes également distants des extrêmes ont des coefficients égaux.

193 Dans toute puissance de $x \pm a$, la somme des coefficients est égale à une puissance de 2 indiquée par celle du binome, et la somme des coefficients des termes de rang pair, est égale à celle des coefficients des termes de rang impair.

194 Pour développer une puissance quelconque, d'un binome quelconque, on commence par développer la même puissance de $x + a$ ou de $x - a$, selon que le second terme du binome est positif ou négatif, après quoi l'on fait dans ce développement $x =$ le premier terme du binome et

Algèbre

$a = $ le second.

195 On peut déduire le développement d'un polynome $(a + b + c + d + \ldots)^m$, en posant $p = a + b + c + \ldots$ et en développant posant ensuite $q = a + b + \ldots$, et développant de nouveau, posant ensuite $r = a + \ldots$, et continuant de développer ainsi.

196 Dans l'extraction de la racine $m^{ième}$ d'un polynome p, supposé ordonné, on obtient le premier terme a, de la racine, en extrayant la racine $m^{ième}$ du polynome p; on obtient le second terme b de la racine, en retranchant du polynome p la même puissance du premier terme de la racine, puis en divisant le premier terme du reste par $m\,a^{m-1}$; on obtient le troisième terme c, de la racine, en retranchant du polynome p, la $m^{ième}$ puissance de $a + b$, et en divisant le premier terme du nouveau reste par $m\,a^{m-1}$, et ainsi de suite.

197 La $m^{ième}$ puissance d'un nombre composé de dixaines

a en d'unités b renfermant évidemment toutes les parties $a^m + m a^{m-1} b \ldots + b^m$ du binôme $(a+b)^m$; on en déduit la règle suivante, pour extraire la racine $m^{ième}$ d'un nombre donné.

198   On coupe le nombre en tranches de m chiffres à partir de la droite, on prend la racine $m^{ième}$ de la 1re tranche à gauche, et l'on a le premier chiffre de la racine cherchée; pour avoir le deuxième, on soustrait de cette tranche la $m^{ième}$ puissance de la racine trouvée; on abaisse à côté du reste le 1er chiffre de la tranche suivante, on divise le nombre ainsi formé par m fois la $m-1^{ième}$ puissance de la racine trouvée, ce qui donne le 2e chiffre de la racine cherchée, ou un chiffre trop fort; pour avoir le 3e chiffre, on soustrait de l'ensemble des deux 1ères tranches la $m^{ième}$ puissance de la racine trouvée, puis on opère sur le reste comme sur le précédent et ainsi de suite.

Algèbre

Proportions arithmétiques.

199 On appelle rapport arithmétique ou rapport par différence d'un nombre à un autre, le reste qu'on obtient lorsque du 1ᵉʳ on retranche le 2ᵉ : on indique ce rapport des deux manières suivantes : $a.b$ ou $a-b$, expressions que l'on énonce a est à b ou a moins b ; de plus le 1ᵉʳ terme se nomme antécédent et le 2ᵉ conséquent.

200 On appelle proportion arithmétique ou proportion par différence ou simplement équidifférence, l'assemblage de deux rapports arithmétiques, ou par différence, égaux. On écrit cet assemblage des deux manières suivantes : $a.b : c.d$ ou $a-b=c-d$ expressions que l'on énonce a est à b, comme c est à d, ou a moins b = c moins d ; de plus le 1ᵉʳ terme et le 3ᵉᵐᵉ sont les antécédents, le 2ᵉ et le 4ᵉᵐᵉ les conséquents : le 1ᵉʳ terme et le 4ᵉ sont les extrêmes le 2ᵉ et le 3ᵉ les moyens. S'il

arrive que les deux extrêmes ou les deux moyens soient égaux, l'équidifférence est dite continue ; telle est par exemple l'équidifférence a.b:b.c.

201 On peut sans troubler une équidifférence, augmenter ou diminuer d'un même nombre : 1° les deux antécédents, 2° les deux conséquents, 3° les deux premiers termes, 4° les deux derniers, 5° les quatre termes.

202 Dans toute équidifférence la somme des extrêmes est égale à la somme des moyens ; et réciproquement quatre nombres étant donnés, si la somme des extrêmes est égale à la somme des moyens, les nombres font une équidifférence.

203 Dans toute équidifférence chaque extrême est égal à la somme des moyens, diminuée de l'autre extrême et chaque moyen est égal à la somme des extrêmes diminuée de l'autre moyen.

204 On peut déterminer un terme quelconque d'une équidifférence

quand les trois autres sont connus ; c'est ce qu'on appelle une quatrième différentielle, si l'équidifférence est ordinaire : troisième ou moyenne différentielle, si l'équidifférence est continue.

205. La quatrième différentielle se présente sous la forme :
$d = b + c - a$; la troisième différentielle se présente sous la forme :
$c = 2b - a$; et la moyenne différentielle se présente sous la forme
$$b = \frac{a+c}{2}.$$

206 On peut sans troubler une équidifférence 1° changer les moyens de place entre eux, 2° changer les extrêmes de place entre eux, 3° mettre les extrêmes à la place des moyens et réciproquement.

207 Des 24 permutations que l'on peut faire avec les quatre termes d'une équidifférence, il y en a 16 qui la troublent. On obtient les autres en effectuant successivement les trois changements ci-dessus indiqués.

Proportions géométriques.

208 On appelle rapport géométrique ou rapport par quotient d'un nombre à un autre, le quotient qu'on obtient lorsqu'on divise le 1er par le 2e, on indique ce rapport des deux manières suivantes : $a : b$ ou $\frac{a}{b}$, expressions que l'on énonce : a est à b, ou a sur b : de plus le 1er terme se nomme antécédent et le 2e conséquent.

209 on appelle proportion géométrique ou proportion par quotient, ou simplement proportion, l'assemblage de deux rapports géométriques ou par quotient égaux ; on écrit cet assemblage des deux manières suivantes $a : b :: c : d$ ou a sur b égale c sur d, expressions que l'on énonce : a est à b, comme c est à d, ou $\frac{a}{b} = \frac{c}{d}$; de plus le 1er terme et le 3e sont les antécédents, le 2e et le 4e les conséquents : le 1er terme et le 4e sont les extrêmes, le 2e et

le troisième les moyens. S'il arrive que les deux extrêmes ou les deux moyens soient égaux, la proportion est dite continue telle est par exemple la proportion $a : b :: b : c$.

210 On peut sans troubler une proportion, multiplier ou diviser par un même nombre : 1⁰ les deux antécédents, 2⁰ les deux conséquents, 3⁰ les deux premiers termes, 4⁰ les deux derniers, 5⁰ les quatre termes.

211 Dans toute proportion le produit des extrêmes est égal au produit des moyens et réciproquement, quatre nombres étant donnés, si le produit des extrêmes est égal au produit des moyens, ces nombres font une proportion.

212 Dans toute proportion, chaque extrême est égal au produit des moyens, divisé par l'autre extrême et chaque moyen est égal au produit des extrêmes divisé par l'autre moyen.

213 On peut déterminer un

terme quelconque d'une proportion, quand les trois autres sont connus ; c'est ce qu'on appelle une **quatrième proportionnelle**, si la proportion est ordinaire, **troisième** ou **moyenne proportionnelle** si la proportion est continue.

214   La quatrième proportionnelle se présente sous la forme : $d = \dfrac{bc}{a}$; la troisième proportionnelle se présente sous la forme : $d = \dfrac{b^2}{a}$; et la moyenne proportionnelle se présente sous la forme $b = \sqrt{ac}$.

215.   On peut sans troubler une proportion, 1° changer les moyens de place entre eux, 2° changer les extrêmes de place entre eux, 3° mettre les extrêmes à la place des moyens, et réciproquement.

216.   Des 24 permutations que l'on peut faire avec les quatre termes d'une proportion, il y en a 16 qui la troublent ; on obtient les autres en effectuant successivement les trois changements ci-dessous indiqués.

217   Si deux proportions ont un

rapport commun, les deux autres font une proportion, et si elles ont les antécédents communs, ou bien les conséquents, les autres termes font une proportion.

218   Si on multiplie entre eux tous les termes qui occupent le même rang dans plusieurs proportions, les quatre produits font une proportion; par conséquent les puissances semblables et les racines de même degré des quatre termes d'une proportion font une proportion.

219   Dans toute proportion, la somme ou la différence des deux premiers termes est au premier ou au second, comme la somme ou la différence des deux derniers, est au troisième ou au quatrième, par conséquent la somme des deux premiers termes est à leur différence, comme la somme des deux derniers est à leur différence.

220   Dans toute proportion, la somme des antécédents est à la

somme des conséquents, comme chaque anté-
cédens est à son conséquent. Donc aussi dans
une suite de rapports égaux la somme des
antécédents est à la somme des conséquents comme
chaque antécédent est à son conséquent.

Progressions arithmétiques

---

221. On donne le nom de progression
arithmétique ou par différence, à
une suite de termes tels que chacun d'eux est
égal à celui qui précède, augmenté d'une
quantité constante appelée raison.

222. On voit par cette définition, que
la progression est croissante ou décroissante,
selon que la raison est positive ou négative.

223. On indique que des
nombres sont en progression arithmétique de la manière suivante.
$\div a . b . c . d . e . f . \&$ expression que
l'on énonce : a est à b, comme
b est à c, comme c est à d, comme
d est à e, comme e est à f &...

224. Un terme d'un rang
quelconque, dans une progression
arithmétique, est égal au premier

plus autant de fois la raison, qu'il y a de termes avant lui.

225 Soit l ce terme, n le rang qu'il occupe, a le premier terme, et r la raison, on aura la formule : $l = a + r (n - 1)$ d'où l'on tire $r = \dfrac{l - a}{n - 1}$, d'où l'on voit que :

226 La raison d'une progression arithmétique est égale au nombre qu'on obtient, en divisant le dernier terme, diminué du premier, par le nombre des termes moins 1.

227 Pour insérer entre a et l, un nombre m de moyens arithmétiques, il suffit de déterminer la raison de la progression, qui dans ce cas est donnée par la formule : $r = \dfrac{l - a}{m + 1}$.

228 Lorsque dans une progression arithmétique, on insère le même nombre de moyens, entre chaque terme et le suivant, la nouvelle suite qu'on obtient est une progression arithmétique.

229 Dans une progression

arithmétique, la somme des extrêmes
est égale à la somme de deux moyens
pris à égale distance des extrêmes.

230. La somme des termes
d'une progression arithmétique, est
égale à la moitié du produit des
extrêmes par le nombre des
termes.

231 Soit s la somme des
termes, a le premier, l le dernier,
et n le nombre des termes, on aura :
la formule : $s = \dfrac{(a+l)\,n}{2}$.

232 Dans le cas où le
premier terme et la raison sont
des nombres entiers, le numérateur
$(a+l)\,n$ de la formule précédente
doit être divisible par 2.

233 On peut au moyen des
deux relations $l = a + r\,(n-1)$ et
$s = \dfrac{(a+l)\,n}{2}$, déterminer deux des
cinq quantités a, l, r, n et s en
fonction des trois autres.

$$1^{\circ}\quad\begin{cases} \text{données } a, r, n. \\ \text{Inconnues } l, s. \\ l = a + r\,(n-1) \\ s = \dfrac{n}{2}\left(2a + r\,(n-1)\right) \end{cases}$$

$2^o \begin{cases} \text{Données } l, r, n. \\ \text{Inconnues } a, s. \\ a = l - r(n-1) \\ s = \dfrac{n}{2}\{2l - r(n-1)\} \end{cases}$

$3^o \begin{cases} \text{Données } a, n, l. \\ \text{Inconnues } r, s. \\ r = \dfrac{l-a}{n-1} \\ s = \dfrac{n}{2}(a+l) \end{cases}$

$4^o \begin{cases} \text{Données } r, n, s \\ \text{Inconnues } a, l. \\ a = \dfrac{2s - n(n-1)r}{2n} \\ l = \dfrac{2s + n(n-1)r}{2n} \end{cases}$

$5^o \begin{cases} \text{Données } a, n, s \\ \text{Inconnues } r, l. \\ l = \dfrac{2s}{n} - a \\ r = \dfrac{2(s-an)}{n(n-1)} \end{cases}$

$6^o \begin{cases} \text{Données } l, n, s \\ \text{Inconnues } a, r \\ a = \dfrac{2s}{n} - l \\ r = \dfrac{2(ln-s)}{n(n-1)} \end{cases}$

$7^o \begin{cases} \text{Données } a, r, l. \\ \text{Inconnues } n, s. \\ n = \dfrac{l-a}{r} + 1 \\ s = \dfrac{(l+a)(l-a+r)}{2r} \end{cases}$

$$8° \begin{cases} \text{Données } a, l, s \\[4pt] \text{Inconnues } n, r \\[4pt] n = \dfrac{2\,s}{a+l} \\[8pt] r = \dfrac{(l+a)(l-a)}{2\,s - (l+a)} \end{cases}$$

$$9° \begin{cases} \text{Données } a, r, s. \\[4pt] \text{Inconnues } l, n. \\[4pt] l = a - r(n-1) \\[6pt] n = \dfrac{r - 2a \pm \sqrt{(r-2a)^2 + 8\,rs}}{2\,r} \end{cases}$$

$$10° \begin{cases} \text{Données } l, r, s \\[4pt] \text{Inconnues } a, n \\[4pt] a = l - r(n+1) \\[6pt] n = \dfrac{r - 2l \pm \sqrt{(r+2l)^2 - 8\,rs}}{2\,r} \end{cases}$$

Progressions géométriques.

234 On donne le nom de progression géométrique ou par quotient à une suite de termes, tels que chacun d'eux est égal à celui qui précède, multiplié par une quantité constante appelée raison.

235 On voit par cette définition que la progression est croissante ou décroissante, selon que la raison est plus grande ou plus petite que 1.

236 On indique que des nombres sont en progression géométrique de la manière suivante : ÷ a : b : c : d : e : f : &c... expression qu'on énonce : a est à b, comme b est à c, comme c est à d, comme d est à e, comme e est à f, &c....

237 Un terme d'un rang quelconque d'une progression géométrique, est égal au premier, multiplié par la raison élevée à une puissance marquée par le nombre des termes qui précèdent.

238 Soit l ce terme, n le rang qu'il occupe, a le premier terme, et q la raison, on aura la formule : $l = aq^{n-1}$, d'où l'on tire $q = \sqrt[n-1]{\dfrac{l}{a}}$ d'où l'on voit que :

239 La raison d'une progression géométrique, est égale au nombre qu'on obtient en extrayant du dernier terme divisé par le premier, la racine d'un degré marqué par le nombre des termes moins 1.

240 Pour insérer entre a et l un nombre m de moyens géométriques il suffit de déterminer la raison de la progression, qui dans ce cas est donnée par la formule

$$q = \sqrt[m+1]{\frac{l}{a}}.$$

241 Lorsque dans une progression géométrique, on insère le même nombre de moyens entre chaque terme et le suivant, la nouvelle suite qu'on obtient est une progression géométrique.

Dans une progression géométrique le produit des extrêmes est égal au produit de deux moyens pris à égale distance des extrêmes.

242. La somme des termes d'une progression géométrique est égale au produit du dernier terme, par la raison, diminuée du premier terme et divisé par la raison moins 1.

243 Soit S la somme des termes a, le premier l, le dernier, et n le nombre des termes, on aura la formule $S = \dfrac{lq - a}{q - 1}$.

244 Dans le cas où le premier terme et la raison sont des nombres entiers, le numérateur $lq - a$, de la formule précédente doit être divisible par $q - 1$.

245. On peut au moyen des deux relations $l = aq^{n-1}$, et $s = \frac{lq - a}{q - 1}$, déterminer deux des cinq quantités a, l, q et s, en fonction des trois autres.

$$1° \begin{cases} \text{Données } a\, q\, n. \\ \text{Inconnues } l\, s. \\ l = aq^{n} - 1 \\ s = \dfrac{a\,(q^{n} - 1)}{q - 1} \end{cases}$$

$$2° \begin{cases} \text{Données } l, q, n. \\ \text{Inconnues } a, s. \\ a = \dfrac{l}{q^{n} - 1} \\ s = \dfrac{l\,(q^{n} - 1)}{q^{n-1}\,(q - 1)} \end{cases}$$

$$3° \begin{cases} \text{Données } a, n, l. \\ \text{Inconnues } q, s. \\ q = \sqrt[n-1]{\dfrac{l}{a}} \\ s = \dfrac{\sqrt[n-1]{l^{n}} - \sqrt[n-1]{a^{n}}}{\sqrt[n-1]{l} - \sqrt[n-1]{a}} \end{cases}$$

$4°$
$$\begin{cases} \text{Données } q, n, s \\ \text{Inconnues } a, l. \\ a = \dfrac{s(q-1)}{q^n-1} \\ l = \dfrac{s\, q^{n-1}(q-1)}{q^n-1} \end{cases}$$

$5°$
$$\begin{cases} \text{Données } a, n, s. \\ \text{Inconnues } q, l. \\ q^{n-1} + q^{n-2} \cdots + 1 = \dfrac{s}{a} \\ l = a\, q^{n-1} \end{cases}$$

$6°$
$$\begin{cases} \text{Données } l, n, s. \\ \text{Inconnues } q, a. \\ \left(\tfrac{1}{q}\right)^{n-1} + \left(\tfrac{1}{q}\right)^{n-2} \cdots + 1 = \dfrac{s}{l} \end{cases}$$

$7°$
$$\begin{cases} \text{Donnée } a, q, l \\ \text{Inconnues } q, a. \\ s = \dfrac{lq-a}{q-1} \\ n = 1 + \dfrac{\log l - \log a}{\log . q} \end{cases}$$

$8°$
$$\begin{cases} \text{Donnée } a, l, s. \\ \text{Inconnues } q, n. \\ q = \dfrac{s-a}{s-l} \\ n = 1 + \dfrac{\log . l - \log . a}{\log q} \end{cases}$$

$9°$
$$\begin{cases} \text{Données } a, q, s \\ \text{Inconnues } l, n. \\ l = \dfrac{a+s(q-1)}{q} \\ n = 1 + \dfrac{\log l - \log a}{\log q} \end{cases}$$

$$10^{\circ} \begin{cases} \text{Données } l, q, s. \\ \text{Inconnues } a, n. \\ a = lq - s(q-1) \\ n = 1 + \dfrac{\log l - \log a}{\log q} \end{cases}$$

Logarithmes.

246 Quand on considère deux progressions, l'une par quotient, ayant le terme 1 pour origine commune des deux branches croissantes et décroissantes; l'autre par différence ayant le terme 0 pour origine commune des deux branches croissantes et décroissantes; si les termes 1 et 0 se correspondent dans les deux progressions, et qu'il en soit de même de tous les autres, chaque terme de la première progression aura pour logarithme le terme correspondant de la seconde.

247 Si l'on appelle q, la raison de la progression par quotient et r la raison de la progression par différence, l'ensemble des deux progressions :

$$\ldots \frac{1}{q^5} : \frac{1}{q^4} : \frac{1}{q^3} : \frac{1}{q^2} : \frac{1}{q} : 1 : q : q^2 : q^3 : q^4 : q^5 \ldots$$
$$\ldots -5r. -4r. -3r. -2r. -r. \quad 0. r. 2r. 3r. 4r. 5r. \ldots$$

forme ce que l'on entend par un système
de logarithmes ; la raison de la
progression par quotient se nomme base
du système ; elle a toujours pour logarithme
la raison de la progression par
différence.

248 Par cela même, que l'on
peut concevoir une infinité de progressions par quotient et par différence
assujetties simultanément aux conditions ci dessus énoncées, on conçoit
aussi, à l'égard des logarithmes, une
infinité de systèmes différents ; mais
outre les propriétés particulières à
chacun d'eux, il y a des propriétés
générales qui leur sont communes, ainsi
dans tous système.

249 les nombres positifs seuls
ont des logarithmes ; les nombres plus
grands que 1, ont leurs logarithmes
positifs ; les nombres plus petits que
1 ont leurs logarithmes négatifs et
0 a pour logarithme l'infini négatif.

250 Le logarithme du produit

de deux nombres est égal au logarithme du multiplicande, plus le logarithme du multiplicateur ; par conséquent, le logarithme du quotient de deux nombres est égal au logarithme du dividende, moins le logarithme du diviseur.

251   Le logarithme d'une puissance de degré quelconque d'un nombre, est égal au logarithme de ce nombre, multiplié par l'exposant de la puissance ; par conséquent, le logarithme d'une racine, de degré quelconque d'un nombre, est égal au logarithme de ce nombre, divisé par l'indice de la racine.

252. Si l'on fait $q = 10$ dans la progression par quotient :

$$\div \frac{1}{q^5} : \frac{1}{q^4} : \frac{1}{q^3} : \frac{1}{q^2} : \frac{1}{q} : 1 : q : q^2 : q^3 : q^4 : q^5 \div$$

et que l'on fasse en même temps $r = 1$ dans la progression par différence :

$$\div -5r \cdot -4r \cdot -3r \cdot -2r \cdot -1r \cdot 0 \cdot 1r \cdot 2 \cdot 3r \cdot 4r \cdot 5r \div$$

On obtient les deux progressions :

$$\div \frac{1}{10^5} : \frac{1}{10^4} : \frac{1}{10^3} : \frac{1}{10^2} : \frac{1}{10} : 1 : 10 : 10^2 : 10^3 : 10^4 : 10^5 \div$$

$$\div -5 \cdot -4 \cdot -3 \cdot -2 \cdot -1 \cdot 0 \cdot 1 \cdot 2 \cdot 3 \cdot 4 \cdot 5 \div$$

253   Les logarithmes, considérés dans ce dernier système, sont connus

sous le nom de logarithmes vulgaires ; parce que la construction des tables les plus répandues est fondée sur ce système.

254. Dans le système de logarithmes vulgaires, toute puissance entière de 10, a pour logarithme un nombre entier égal à l'exposant de la puissance, quant aux logarithmes des autres nombres ; ils sont incommensurables et les valeurs approchées, qu'en donnent les tables, sont exprimées en fractions décimales, dont la partie entière se nomme caractéristique.

255. La caractéristique du logarithme d'un nombre, renferme toujours autant d'unités, moins une, qu'il y a de chiffres dans ce nombre, s'il est entier ou dans la partie entière de ce nombre, s'il est fractionnaire.

256. Le logarithme du produit ou du quotient d'un nombre, par une puissance entière de 10, est égale au logarithme de ce nombre augmenté ou diminué d'autant d'unités qu'il y en a dans

h

l'exposant de la puissance.

257. Réciproquement, le logarithme d'un nombre, étant diminué ou augmenté d'une ou plusieurs unités, devient égal au logarithme du produit ou du quotient de ce nombre, par une puissance de 10, dont l'exposant est égal à ce nombre d'unités.

258. On évite l'emploi des logarithmes négatifs, en leur ajoutant assez d'unités pour les rendre positifs, sauf à diviser les nombres correspondants par une puissance de 10, d'un degré marqué par ce nombre d'unités.

259. On appelle complément arithmétique d'un logarithme, le nombre qu'il faut ajouter à ce logarithme pour obtenir une somme égale à 10; par conséquent on obtient le complément arithmétique d'un logarithme en retranchant ce logarithme de 10.

260. On ramène la combinaison des logarithmes par voie de soustraction à la combinaison par voie d'addition, en ajoutant aux logarithmes additifs les compléments des logarithmes soustractifs, sauf à diminuer la caractéristique du

résultat d'autant de dixaines que l'on
ajoute de compléments.

261 Une table de logarithmes, dans
sa plus grande simplicité, consiste en trois
colonnes, dont la première renferme la
suite naturelle des nombres entiers, la seconde leurs logarithmes respectifs et la troisième la différence de ces logarithmes,
considérés deux à deux.

262 La construction d'une table de
logarithmes, depuis 1 jusqu'à 10^n se
réduit à calculer les logarithmes des
nombres premiers compris entre ces
deux limites, puis à en déduire les
logarithmes des autres nombres, par
voie d'addition ou de soustraction, de
multiplication ou de division.

263 L'usage d'une table de logarithmes
suppose que l'on sait résoudre le
problème suivant : Un nombre étant donné,
trouver son logarithme et réciproquement :
un logarithme étant donné, trouver le
nombre auquel il appartient.

264 Si le nombre entier donné excède
la limite de la table, on détache sur la droite
assez de décimales pour que la partie

entière se trouve dans la table, et l'on
obtient ce qu'il faut ajouter au logarithme
de cette partie entière au moyen de la proportion suivante:

265 La différence entre les deux nombres entiers consécutifs qui comprennent le
nombre donné est à la différence, entre le
nombre donné et le nombre immédiatement
plus petit, comme la différence entre les
logarithmes tabulaires des deux nombres
entiers, qui comprennent le nombre
donné, est à la différence x entre le
plus petit de ces deux logarithmes
et le logarithme demandé; alors il ne
reste plus qu'à augmenter la caractéristique d'autant d'unités que l'on a
détaché de chiffres sur la droite.

266 On obtient le logarithme
d'une fraction ordinaire ou d'une expression fractionnaire, en retranchant le
logarithme du dénominateur du logarithme du numérateur. D'où l'on voit
que ce logarithme est négatif dans
le premier cas et positif dans le second.

267 On obtient le logarithme
d'un nombre décimal, en retranchant

du logarithme du nombre entier, résultant de la suppression de la virgule, autant d'unités que le nombre proposé renferme de figures décimales.

268. Si le nombre proposé est une fraction décimale, proprement dite, le logarithme ainsi obtenu est entièrement négatif; mais, si la soustraction ne porte que sur la partie entière, la caractéristique du logarithme est seule négative et la partie décimale reste positive.

269. Dans le premier cas, la caractéristique renferme autant d'unités qu'il y a de zéros entre la virgule et le premier chiffre significatif, et dans le second cas, elle renferme une unité de plus qu'il y a de zéros entre la virgule et le premier chiffre significatif.

270. Étant donné un logarithme, trouver le nombre auquel il appartient. Si le logarithme est dans la table, on trouve à côté, dans la colonne adjacente, le nombre auquel il appartient.

271. Si le logarithme donné excède la limite de la table, on en retranche

assez d'unités pour que sa caractéristique se trouve dans la table; et alors, si la partie décimale tombe entre deux logarithmes consécutifs, on détermine ce qu'il faut ajouter au nombre correspondant au logarithme immédiatement plus petit, au moyen de la proportion suivante:

272 La différence entre les deux logarithmes tabulaires qui comprennent le logarithme donné, est à la différence entre le logarithme donné et le logarithme immédiatement plus petit, comme l'unité est à la partie décimale x du nombre correspondant, qu'il faut ensuite multiplier par une puissance de 10, d'un degré marqué par le nombre d'unités dont on a diminué le logarithme donné.

273 Si le logarithme donné est entièrement négatif, on lui ajoute assez d'unités pour le rendre positif, et l'on divise ensuite le nombre correspondant par une puissance de 10, d'un degré marqué par le nombre d'unités dont on a augmenté le logarithme donné.

274. Si la caractéristique du logarithme donné, est seule négative, on lui ajoute assez d'unités pour qu'elle devienne positive ; et l'on divise ensuite le nombre correspondant par une puissance de 10, d'un degré marqué par le nombre d'unités dont on a augmenté la caractéristique du logarithme donné.

275. En général, il est avantageux de modifier le logarithme donné, de manière que sa caractéristique devienne égale à la plus grande que donne la table, de cette manière, on obtient le nombre demandé avec la plus grande approximation possible.

276. Les solutions que l'on vient de donner des deux problèmes précédents, supposent que les différences entre les nombres sont entre elles, comme les différences entre les logarithmes. Cette proportion n'est pas rigoureuse, mais elle approche, d'autant plus de de l'exactitude, que les nombres sont plus grands.

277. On peut se convaincre

de cette vérité, par la seule inspection des tables, mais pour apprécier le degré d'approximation sur lequel on peut compter, quand on en fait usage, il faut recourir à des considérations qu'on ne peut exposer ici.

278 Indépendamment de cette cause d'erreur, il en existe une autre qui consiste en ce que les tables ne donnent, pour les logarithmes et leurs différences, que des valeurs dont l'inexactitude peut aller, en plus ou en moins, jusqu'à une demi unité du dernier ordre décimal.

279 Si la différence entre les deux logarithmes consécutifs est de 4 cent millièmes, par exemple, on voit qu'une erreur de $\frac{1}{2}$ cent millième sur un logarithme peut altérer le nombre correspondant de $\frac{1}{8}$ d'unité ou de 0,125. Ainsi, il y aura des cas, où l'on ne pourra pas même compter sur l'exactitude du premier chiffre décimal.

280 Il est évident que l'erreur pourra être beaucoup plus

grave, quand le logarithme dont on cherchera le nombre, sera la somme de plusieurs autres logarithmes, ou bien le produit d'un logarithme par un nombre entier. Toutes fois l'erreur qui résulte de l'emploi des logarithmes varie comme la construction des tables dont on fait usage.

281 On trouve un exemple remarquable de l'utilité des logarithmes dans l'application qu'on en fait pour résoudre les questions d'intérêts composés, et surtout celles relatives aux épargnes, aux annuités, aux rentes viagères, aux échanges de billets et autres problèmes, dont la solution peut se développer ainsi qu'il suit :

282 Si l'intérêt d'1 franc est r pour un an, cet intérêt sera $2r$ pour 2 ans, $3r$ pour 3 ans, nr pour un nombre d'années marqué par n, donc, $(1+nr)$ exprime la valeur d'1 franc augmenté de son intérêt pour n années, et $a(1+nr)$ exprime celle d'un capital a, augmenté

de ses intérêts pour le même temps ; en sorte que si l'on désigne par A cette valeur, on aura la relation $A = a(1 + nr)$, qui sert à déterminer chacune des quantités A, a, n, r, quand les trois autres sont connues.

283 Si un capital a, augmenté de ses intérêts, vaut au bout de la première année $a' = a(1 + r)$, celui-ci au bout de la 2e vaudra $a'' = a'(1 + r) = a(1 + r)^2$; ce dernier au bout de la 3e année vaudra : $a''' = a''(1 + r) = a(1 + r)^2 (1 + r) = a(1 + r)^3 \ldots$ Donc, $a(1 + r)^n$ exprime la valeur que prend au bout de n années, un capital a placé à intérêts composés ; en sorte que, si l'on désigne par A cette valeur on aura la relation $A = a(1 + r)^n$, qui sert à déterminer chacune des quantités A, a, n, r, quand les trois autres sont connues.

284 Si l'on ajoute chaque année au capital primitif une somme égale à ce même capital, pour retirer le tout après un nombre n d'années, on aura pour la valeur du 1er placé

même $a(1+r)^n$ pour celle du 2e :
$a(1+r)^{n-1}$ pour celle du 3e. $a(1+r)^{n-2}$
et pour le dernier $a(1+r)$; d'où
l'on voit que le total des placement
est exprimé par la somme des termes
d'une progression géométrique dont le
1er terme est $a(1+r)$, le dernier $a(1+r)^n$,
et la raison : $(1+r)$ en sorte que, si l'on
désigne par A la valeur totale, on
aura la relation : $A = \dfrac{a(1+r)\{(1+r)^n - 1\}}{r}$ qui
sera à déterminer chacune des quantités
A, a, n, r, quand les trois autres sont
connues.

285 Si l'on convient de payer
chaque année une somme a pour
rembourser un capital A en un
nombre n d'années, la valeur du
1er paiement sera $a(1+r)^{n-1}$, celle du
2^e $a(1+r)^{n-2}$, et celle du dernier
sera a ; d'où l'on voit que le total
des paiement est exprimé par la somme
des termes d'une progression géométrique,
dont le 1er terme est a, le dernier
$a(1+r)^{n-1}$ et la raison $(1+r)$. Si donc
on observe qu'au bout de n années le
capital A vaut $A(1+r)^n$ on aura

la relation : $A(1+r)^n = \dfrac{a\,[(1+r)^n - 1]}{r}$, qui

sera à déterminer chacune des

quantités A, a, n, r, quand les trois

autres sont connues.

286. Si pour s'acquitter d'une som-

me a payable dans p années, on

donne un billet b payable dans q

années le montant actuel de la dette

étant $\dfrac{a}{(1+r)^p}$ et la valeur actuelle du

billet étant $\dfrac{b}{(1+r)^q}$ si la différence

$\dfrac{a}{(1+r)^p} - \dfrac{b}{(1+r)^q} = d$ ne peut être

payée que dans s années, l'emprun-

teur ou le prêteur, selon que d est

positif ou négatif sera redevable de

$$d(1+r)^s = \left(\dfrac{a}{(1+r)^p} - \dfrac{b}{(1+r)^q}\right)(1+r)^s =$$

$$a(1+r)^{s-p} - b(1+r)^{s-q}.$$

Fin de l'algèbre.